BEI GRIN MACHT SICH IHR
WISSEN BEZAHLT

Jutta Otterbein, Christina Sawatzki

Fraktalgeometrie: Selbstähnlichkeit und fraktale Dimension – Teil 1

GRIN Verlag

Bibliografische Information der Deutschen Nationalbibliothek:

Die Deutsche Bibliothek verzeichnet diese Publikation in der Deutschen National-
bibliografie; detaillierte bibliografische Daten sind im Internet über http://dnb.d-
nb.de/ abrufbar.

Impressum:

Copyright © 2010 GRIN Verlag, Open Publishing GmbH
Druck und Bindung: Books on Demand GmbH, Norderstedt Germany
ISBN: 978-3-656-26257-2

Dieses Buch bei GRIN:

http://www.grin.com/de/e-book/199310/fraktalgeometrie-selbstaehnlichkeit-und-
fraktale-dimension-teil-1

GRIN - Your knowledge has value

Der GRIN Verlag publiziert seit 1998 wissenschaftliche Arbeiten von Studenten, Hochschullehrern und anderen Akademikern als eBook und gedrucktes Buch. Die Verlagswebsite www.grin.com ist die ideale Plattform zur Veröffentlichung von Hausarbeiten, Abschlussarbeiten, wissenschaftlichen Aufsätzen, Dissertationen und Fachbüchern.

Besuchen Sie uns im Internet:

http://www.grin.com/

http://www.facebook.com/grincom

http://www.twitter.com/grin_com

U N I K A S S E L
V E R S I T Ä T

Universität Kassel
Fachbereich 10
Institut für Mathematik

Fachwissenschaftliches Seminar

Selbstähnlichkeit und fraktale Dimension – Teil 1

Im WS 2010/2011

eingereicht von: Jutta Otterbein

Christina Sawatzki

16.12.2010

Inhaltsverzeichnis

1 Einleitung

In der nachfolgenden Arbeit soll die *Selbstähnlichkeit und fraktale Dimension, Teil 1* behandelt werden. Vorab wird der Begriff „Fraktale" im Allgemeinen beschrieben und erklärt. Zur Verdeutlichung des Begriffs wird ferner auf die unterschiedlichen Eigenschaften der Fraktale, die das Grundgerüst der Fraktalgeometrie und den Schwerpunkt der Arbeit bilden, eingegangen. Des Weiteren wird die Selbstähnlichkeit dargestellt, die sich unter anderem zwischen der exakten und der statistischen Selbstähnlichkeit unterscheiden lässt. Einige Beispiele sollen diesen Unterschied deutlich machen und herauskristallisieren. Darauf aufbauend wird die Selbstähnlichkeitsdimension d_S allgemein definiert sowie die Formel zu ihrer Berechnung abgeleitet. Anschließend wird sich den mathematischen Fraktalen zugewandt. Im Mittelpunkt stehen die Cantor-Drittelmenge und das Sierpinski-Dreieck, bei denen jeweils die Selbstähnlichkeit sowie deren Dimension beschrieben und vertiefend erklärt wird. Abschließend werden unterschiedliche Wischaktivitäten in der Ebene und im Raum anhand zahlreicher Beispiele skizziert und diese miteinander verglichen.

2 Was sind Fraktale?

Der Begriff Fraktale wurde im Jahre 1975 von dem polnisch-französischen Mathematiker Benoît B. Mandelbrot eingeführt. Anders als die euklidische Geometrie, die in der Institution Schule gelehrt wird, werden in der Fraktalgeometrie komplexere und irregulärere Objekte betrachtet.

Fraktale lassen sich übergeordnet durch folgende vier Eigenschaften charakterisieren:

„Ein Fraktal ist

- das Ergebnis eines unendlich wiederholten rekursiven Erzeugungsprozesses.
- ein Objekt dem als Dimension eine nichtganzzahlige Zahl zugeordnet wird.
- eine Kurve, die über keine charakteristische Länge verfügt, d.h. unendlich lang ist.

- ein Objekt, das auf jeder Größenskala aus mehreren gleichgroßen Teilen, die exakte Kopien des Ganzen sind, besteht."[1]

Zusammenfassend kann gesagt werden, dass ein Fraktal die Eigenschaften einer gebrochenen Dimension und der Selbstähnlichkeit aufweisen muss.

3 Selbstähnlichkeit

Im Folgenden wird die Selbstähnlichkeit beschrieben, die wiederum zwischen einer exakten und einer statistischen Selbstähnlichkeit unterschieden wird. Die exakte Selbstähnlichkeit wird am Beispiel einer Strecke sowie am Beispiel eines Schachbrettes, die statistische Selbstähnlichkeit am Beispiel der Küstenlinie sowie am Beispiel des Romanescos erläutert.

3.1 Exakte Selbstähnlichkeit

Exakt selbstähnlich wird eine Figur genannt, wenn sich diese aus gleichgroßen Teilen in kleineren Maßstäben zusammensetzen lässt, die verkleinerten Kopien jedoch exakt der ursprünglichen Figur entsprechen.[2]

Das ideale Fraktal weist also in jeder Vergrößerungsstufe eine strenge mathematische Ähnlichkeit zu sich selbst auf. Selbst bestimmte Teile der Figur wiederholen sich in ein und demselben Bild ständig, wenn auch in anderen Maßstäben.[3]

Dieses Phänomen lässt sich anhand der folgenden Beispiele verdeutlichen.

3.1.1 Exakte Selbstähnlichkeit am Beispiel einer Strecke

Wir betrachten eine Strecke gegeben durch das Intervall $[0,5]$. Diese wird in $N = 5$ kongruente[4] Teilstücke geteilt. Folglich erhält man die Intervalle $[0,1]$, $[1,2]$, $[2,3]$, $[3,4]$, $[4,5]$ mit jeweils einer Längeneinheit. Die Vereinigung aller fünf Intervalle bildet erneut die gesamte Strecke.

---

[1] Basso, G., Quatember, K. (2008), S. 6
[2] Vgl. ebenda, S.9
[3] Vgl. http://www.eberl.net/chaos/Sem/Altin/D_index.html (Abruf am 03.11.2010)
[4] Kongruenz bedeutet, dass zwei Figuren deckungsgleich sind, d.h. Strecken- und Winkelverhältnisse bleiben gleich.

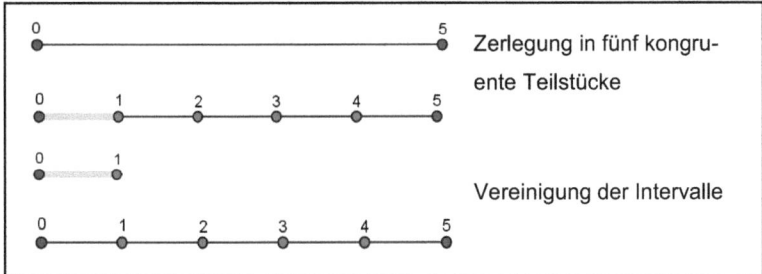

Abbildung 1: Selbstähnlichkeit am Beispiel einer Strecke

Jede Teilstrecke ist kongruent zur Gesamtstrecke, d.h. jedes einzelne Intervall lässt sich mit einem Vergrößerungsfaktor p auf das Intervall $[0,5]$ vergrößern. Der Vergrößerungsfaktor p berechnet sich, indem die Gesamtstrecke in n gleich große Intervalle geteilt wird, die Anzahl dieser Intervalle entspricht p. Somit ergibt sich im obigen Beispiel ein Vergrößerungsfaktor $p = 5$.[5]

Definition:

Allgemein ist eine Figur G selbstähnlich im strengen Sinn, wenn G

    ○ die Vereinigung von bis auf die Randelemente paarweise disjunkten, kongruenten Teilstücken $G_i, i \in \{1, 2, ..., N\}$ ist, also $G = \bigcup_{i=1}^{N} G_i$.

    ○ zu jedem Teilstück eine Ähnlichkeitsabbildung[6] γ existiert mit $\gamma_i(G_i) = G$ für $i = 1, ..., N$, sodass man für jedes i durch Vergrößerung mit einem Faktor $p > 0$ die komplette Figur erhält.[7]

---

[5] Vgl. Zeitler, H., Pagon, D. (2000), S. 13
[6] Ähnlichkeitsabbildungen sind Abbildungen, bei denen sich die Längen der Strecken ändern, die Strecken- und die Winkelverhältnisse jedoch gleich bleiben.
[7] Vgl. Zeitler, H., Pagon, D. (2000), S. 14

3.1.2 Exakte Selbstähnlichkeit am Beispiel eines Schachbrettes

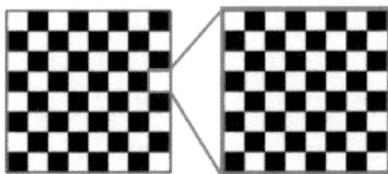

Abbildung 2: Exakte Selbstähnlichkeit am Beispiel eines Schachbrettes

Ausgangsgröße eines Schachbrettes bildet ein Quadrat mit der Seitenlänge a, welches sich aus 64 Quadraten zusammensetzt. Für das ganze Schachbrett ergibt sich der Vergrößerungsfaktor $p = 8$, da jedes einzelne Feld mit dem Faktor $p = 8$ vergrößert wieder das ursprüngliche Schachbrett darstellt. Betrachtet man ein Feld des Schachbrettes und unterteilt dieses wiederum in 64 Quadrate, so erhält man wieder ein Schachbrett. Dieser Vorgang lässt sich beliebig oft wiederholen. Diese Analogie wird als exakt selbstähnlich bezeichnet.[8]

3.2 Statistische Selbstähnlichkeit

Selbstähnliche Objekte befinden sich in der gesamten Umwelt, beispielsweise in Form einer Küstenlinie. Diese besteht aus einer hohen Anzahl von Buchten, die wiederum aus mehreren kleineren Buchten bestehen – in allen Buchten befinden sich Steine und Felsen. Die Selbstähnlichkeit der natürlichen Objekte ist nie exakt. Diese sehen dem Original zwar sehr ähnlich, jedoch sind kleine Abweichungen zu erkennen. So liegen nicht in allen Buchten die gleichen Steine und Felsen; sie variieren in ihrer Anzahl und ihrem Aussehen. Sie bringen jedoch immer die gleiche Art Strukturen hervor, sie sind skaleninvariant.[9][10]

Betrachten wir als weiteres Beispiel den Romanesco, der aus einer Vielzahl von verkleinerten Romanescos besteht. Würde man ein verkleinertes Teilstück herausnehmen und dieses vergrößern, so wüsste man nicht, welcher Maßstab zu wählen wäre, um die gesamte Figur zu erhalten.

---

[8] Vgl. Basso, G., Quatember, K. (2008), S. 9
[9] Vgl. ebenda
[10] Skaleninvariant bedeutet, dass ohne einen eingeblendeten Maßstab nicht zu erkennen ist, zu welcher Stufe das jeweilige Bild gehört.

4 Selbstähnlichkeitsdimension d_S

Wir kennen die Dimensionen

- Dimension $d = 0$ betrifft einen Punkt,
- Dimension $d = 1$ betrifft eine Strecke,
- Dimension $d = 2$ betrifft eine Fläche und
- Dimension $d = 3$ betrifft einen Körper.

Mit Hilfe der Formel für die Dimension (s.u.) kann bestimmt werden, ob das jeweilige Objekt ein Fraktal darstellt. Das Ergebnis gibt allgemein an, ob eine ganzzahlige oder eine gebrochene Dimension vorliegt. Handelt es sich um eine gebrochene Dimension, so ist die Eigenschaft bezüglich der Fraktale (siehe Kapitel 2) gegeben.

Betrachte dazu folgende einfache Beispiele.

Beispiel 1) Strecke:

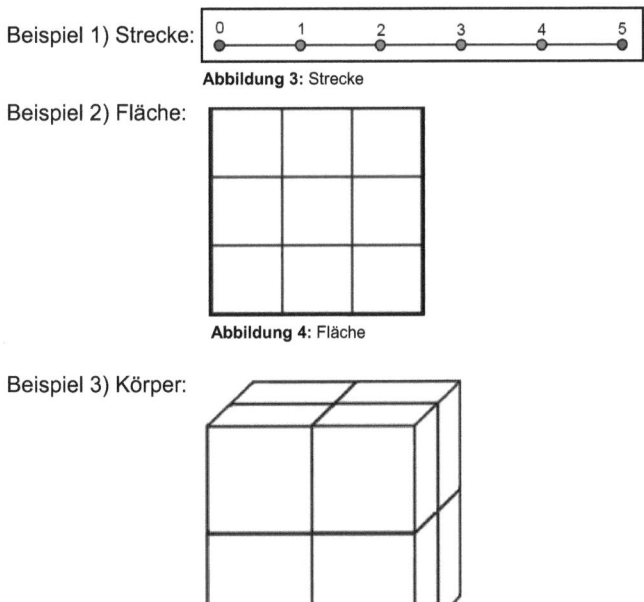

Abbildung 3: Strecke

Beispiel 2) Fläche:

Abbildung 4: Fläche

Beispiel 3) Körper:

Abbildung 5: Körper

Bei fraktalen Objekten können die Dimensionen nicht einfach abgelesen werden. Der Wert der fraktalen Dimension ist nicht ganzzahlig, sondern gebrochen. Daher findet der allgemein bekannte Dimensionsbegriff hier keine

Bedeutung und der Begriff der Selbstähnlichkeitsdimension d_S wird eingeführt.

Die Anzahl der kongruenten Teilstücke N lässt sich in den Beispielen 1) bis
3) mit $p^d = N$ berechnen. Um die Formel nach d umzuformen, werden die
Logarithmusgesetze benötigt. Wird der natürliche Logarithmus ln eingeführt, so muss dieser auf der rechten sowie auf der linken Seite der Glei-
chung eingeführt werden. Der Exponent (hier d) wird vor ln verschoben und
es ergibt sich $d * \ln p = \ln N$. Damit d alleine steht, muss noch durch $\ln p$
dividiert werden. Somit folgt $d = \frac{\ln N}{\ln p}$.

Für $d = \frac{\ln N}{\ln p}$ kann auch $d = \frac{\log N}{\log p}$ verwendet werden. Grund hierfür ist, dass
die Erweiterung des Bruchs (hier mit ln oder log) den Wert des Bruches
nicht verändert und man durch Kürzung wieder den ursprünglichen Bruch
erhält.

Auf das Beispiel 2) bezogen, haben wir neun kongruente Teilstücke, also
$3^2 = 9$. Um die Ursprungsfigur zu erhalten, wird der Vergrößerungsfaktor
$p = 3$ benötigt. Da wir uns in der zweiten Dimension befinden, müssen wir
in zwei Richtungen vergrößern (Länge und Höhe). Daraus resultiert
$d = \frac{\log 9}{\log 3} = 2$.

In Verallgemeinerung dessen lässt sich die Selbstähnlichkeitsdimension wie
folgt definieren:

„Punktmengen G, die im strengen Sinn selbstähnlich sind mit N Zerle-
gungsmengen und dem Vergrößerungsfaktor p, besitzen die Dimension
$d_S(G) = \frac{\log N}{\log p}$. Wir sprechen von der Selbstähnlichkeitsdimension (deshalb
der Index s).“[11]

5 Mathematische Fraktale

Im Folgenden werden zwei mathematische Fraktale, die Cantor-
Drittelmenge und das Sierpinski-Dreieck, behandelt. Neben deren Erfin-
dern, Georg Cantor und Waclaw Sierpinski, wird die Konstruktion der Fraktale, ihre Selbstähnlichkeit sowie die Selbstähnlichkeitsdimension erläutert.

---

[11] Zeitler, H., Pagon, D. (2000), S. 15

5.1 Cantor-Drittelmenge

Georg Cantor war ein deutscher Mathematiker, der in der Zeit von 1845 bis 1915 lebte. Er schuf durch die Cantor-Drittelmenge wichtige Grundlagen, die Mandelbrot später für die allgemeine Definition der Fraktale verwendete. Demzufolge gilt die Cantor-Drittelmenge als ältestes Fraktal.[12]

5.1.1 Selbstähnlichkeit der Cantor-Drittelmenge

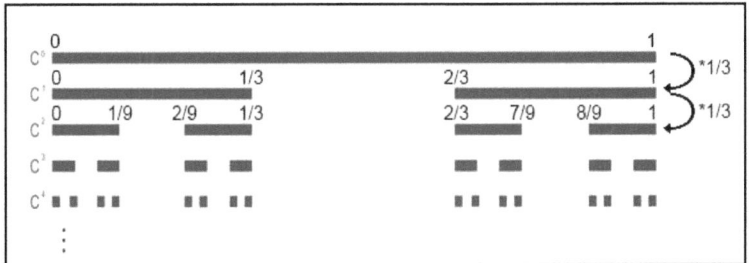

Abbildung 6: Konstruktion der Cantor-Drittelmenge

Gegeben sei eine Strecke mit dem Intervall $[0,1]$, welches auch als Initiator bezeichnet wird. Aus dieser Ausgangsform wird nun das mittlere offene Drittel mit dem Intervall $]\frac{1}{3},\frac{2}{3}[$ aus dem Initiator entfernt. Somit bleiben nach obiger Abbildung auf der Konstruktionsstufe C^1 die Intervalle $[0,\frac{1}{3}]$ und $[\frac{2}{3},1]$ übrig. Die entstandene Lücke wird Trema-Generator genannt.[13] Um zu C^2 zu gelangen, werden die beiden geschlossenen Intervalle jeweils mit dem Faktor $\frac{1}{3}$ multipliziert. Es bleiben die Intervalle $[0,\frac{1}{9}]$, $[\frac{2}{9},\frac{1}{3}]$, $[\frac{2}{3},\frac{7}{9}]$ und $[\frac{8}{9},1]$ übrig.[14] Die nachfolgenden Konstruktionsschritte erfolgen analog „bis keine Intervalle übrig bleiben und nur noch eine Menge C aus Punkten erhalten bleibt, die nicht miteinander verbunden sind"[15] (siehe Abbildung 6).

---

[12] Vgl.: http://de.wikipedia.org/wiki/Georg_Cantor (Abruf am 09.12.2010)
[13] Vgl.: Basso, G., Quatember, K. (2008), S. 18
[14] ebenda, S. 18 ff
[15] Basso, G. Quatember, K. (2008), S. 19

Satz: *„Die Cantor-Drittelmenge C ist selbstähnlich im strengen Sinne mit* $N = 2$ *und* $p = 3$.*"*[16]

Beweis: Die Menge lässt sich in $N = 2$ disjunkte – also verschiedene – Teilmengen zerlegen. Dabei handelt es sich um die Intervalle $\left[0, \frac{1}{3}\right]$ und $\left[\frac{2}{3}, 1\right]$ der Länge $\frac{1}{3}$. Wird nun z.B. das Intervall $\left[0, \frac{1}{3}\right]$, mit $p = 3$ „aufgeblasen", so ergibt sich der gesamte Cantor-Staub. Dieses Vorgehen kann auf jeden Staub (Intervall) angewendet werden. Um den Gesamtstaub zu erhalten, benötigen wir die Vergrößerung $p = 3^n$. ∎

Ein Beispiel für exakte Selbstähnlichkeit stellen die Matroschka Puppen dar. In jeder Puppe steckt wieder eine kleinere, ähnliche Puppe.

Abbildung 7: Matroschka Puppen

5.1.2 Dimension der Cantor-Drittelmenge

Bei der Cantor-Drittelmenge beträgt die Selbstähnlichkeitsdimension $d_S = \frac{\ln N}{\ln p} = \frac{\ln 2}{\ln 3} \approx 0{,}6309$.[17] Die Dimension liegt im Intervall $0 < d_S < 1$, d.h. die Dimension ist kleiner als eine Strecke, aber größer als ein Punkt. Eine Zuordnung zu $d = 0$ bzw. $d = 1$ kann nicht erfolgen, da die mittlere Strecke jeweils entnommen wird; somit mehr als ein Punkt, aber weniger als eine Strecke übrig bleibt.[18]

---

[16] Zeitler, H., Pagon, D. (2000), S. 14
[17] Vgl.: Zeitler, H., Pagon, D. (2000), S. 16
[18] Vgl.: ebenda

5.2 Sierpinski-Dreieck

Waclaw Sierpinski gilt als einer der berühmtesten polnischen Mathematiker seiner Zeit. Er lebte in der Zeit zwischen 1882 und 1969. Er beschrieb 1915 das Sierpinski-Dreieck als Fraktal.[19]

5.2.1 Selbstähnlichkeit im Sierpinski-Dreieck

Um das Sierpinski-Dreieck zu konstruieren, wird ein gleichseitiges Dreieck mit Seitenlänge a in vier kongruente Dreiecke zerlegt. Das mittlere Dreieck wird weggewischt, sodass drei schwarze kongruente Dreiecke übrig bleiben. Mit diesen Teildreiecken wird analog verfahren. Dieses Verfahren kann nun beliebig oft durchgeführt werden[20] und liefert eine Punktmenge, die im strengen Sinne selbstähnlich ist und als Sierpinski-Dreieck S bezeichnet wird.[21] Wie bereits in Kapitel 3.1 erwähnt, wird eine Figur im strengen Sinne als selbstähnlich bezeichnet, wenn sich diese aus gleichgroßen Teilen in kleineren Maßstäben zusammensetzen lässt, die verkleinerten Kopien jedoch exakt der ursprünglichen Figur entsprechen.

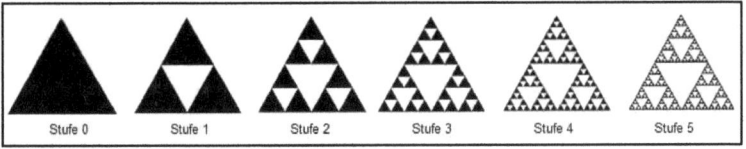

Stufe 0   Stufe 1   Stufe 2   Stufe 3   Stufe 4   Stufe 5

Abbildung 8: Wischaktivitäten des Sierpinski-Dreiecks

5.2.2 Dimension des Sierpinski-Dreiecks

Abbildung 9: Konstruktion des Sierpinski-Dreiecks nach der ersten Iteration

---

[19] Vgl.: http://mathematica.ludibunda.ch/mathematicians-de12.html (Abruf am 10.11.2010)
[20] Vgl.: Scheid, Harald (2009), S. 101
[21] Vgl.: Zeitler, H., Pagon, D. (2000), S. 19

Das Sierpinski-Dreieck S besteht aus drei identisch „großen Teildreiecken",
die, wenn man sie vergrößert, wieder ganz S ergeben.[22] Man erkennt drei
kongruente Teilstücke mit $N = 3$ und einen Vergrößerungsfaktor $p = 2$ (die
Zusammensetzung der Werte N und p wird in Kapitel 3.1.1 erläutert). Setzt
man die Werte p und N in die Formel zur Berechnung der Dimension ein,
so ergibt sich $d_S = 1{,}58496$ (Formel zur Berechnung von d_S siehe auch Kapitel 4) $d_S = 2{,}7268$. Es gilt $1 < d_S < 2$, d.h. wir erhalten eine Dimension,
die größer als die einer Strecke, aber kleiner als die einer Fläche ist. Eine
Zuordnung zu $d = 1$ bzw. $d = 2$ kann nicht erfolgen, da jeweils das mittlere
Dreieck weggewischt wird; somit mehr als eine Randlinie, aber weniger als
eine Fläche übrig bleibt.

6 Wischaktivitäten

Mithilfe der Cantor-Drittelmenge (siehe Kapitel 5.1) und des Sierpinski-
Dreiecks (siehe Kapitel 5.2) wurden bereits grundlegende Wischaktivitäten
in der Ebene aufgezeigt. Im Folgenden werden weitere Beispiele von
Wischaktivitäten

- in der Ebene und
- im Raum

vertiefend dargestellt.

6.1 Wischaktivitäten in der Ebene

6.1.1 Sierpinski-Teppich

Um den Sierpinski-Teppich zu konstruieren, wird ein Quadrat mit Seitenlänge a benötigt. Das ursprüngliche Quadrat wird in neun kongruente Quadrate zerlegt. Das mittlere Quadrat wird weggewischt, sodass acht schwarze
kongruente Quadrate übrig bleiben. Jedes Einzelne dieser entstandenen
Quadrate wird wiederum in neun Teilquadrate zerlegt und das mittlere
Quadrat weggewischt. Es verbleiben erneut acht schwarze kongruente
Quadrate. Dieses algorithmische Verfahren lässt sich beliebig oft durchfüh-

---

[22] Iteration bezeichnet eine Methode, bei der eine bestimmte mathematische Handlung
immer wieder von neuem durchgeführt wird.

ren[23] und liefert schließlich eine Punktmenge, die im strengen Sinne selbstähnlich ist.[24]

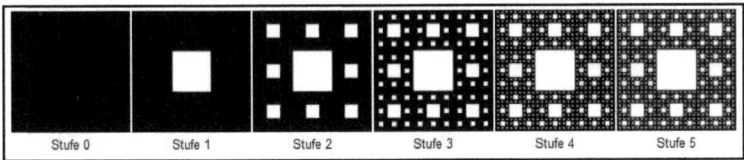

| Stufe 0 | Stufe 1 | Stufe 2 | Stufe 3 | Stufe 4 | Stufe 5 |

Abbildung 10: Wischaktivitäten in der Ebene – Sierpinski-Teppich

Betrachtet man den Sierpinski-Teppich nach der ersten Iteration, so erkennt
man acht kongruente Teilstücke mit $N = 8$ und einen Vergrößerungsfaktor
$p = 3$ (wie sich die Werte N und p zusammensetzen, kann in Kapitel 3.1.1
nachgelesen werden). Setzt man die Werte p und N in die Formel zur Berechnung der Dimension ein, so ergibt sich $d_S = 1{,}8972$ (die Zusammensetzung der Werte N und p wird in Kapitel 3.1.1 erläutert). Es gilt das Intervall $1 < d_S < 2$, d.h. wir erhalten eine Dimension, die größer als die einer
Strecke, aber kleiner als die einer Fläche ist. Eine Zuordnung zu $d = 1$ bzw.
$d = 2$ kann nicht erfolgen, da das mittlere Quadrat weggewischt wurde; somit mehr als eine Randlinie, aber weniger als eine Fläche übrig bleibt.

6.1.2 Vergleich der Selbstähnlichkeitsdimension d_S des Sierpinski-Dreiecks mit der des Sierpinski-Teppichs

Vergleichen wir nun die Selbstähnlichkeitsdimension d_S des Sierpinski-
Dreiecks aus Kapitel 5.2.2 mit der des Sierpinski-Teppichs, so stellt sich die
Frage, warum die Dimension des Dreiecks niedriger als die des Teppichs
ausfällt. Betrachtet man dazu die beiden Konstruktionen, so fällt auf, dass
bei dem Dreieck im Verhältnis deutlich mehr weggewischt wurde als bei
dem Teppich.

6.2 Wischaktivitäten im Raum

6.2.1 Beispiel 1)

Ein Würfel mit Seitenlänge a wird in 27 kongruente Teilwürfel zerlegt. Alle
Würfel mit Ausnahme der acht Eckwürfel werden weggewischt. Jeder Ein-

---

[23] Vgl.: Zeitler, H., Pagon, D. (2000), S. 18
[24] Vgl.: ebenda, S. 19

zelne der acht Würfel wird wiederum in 27 Teilwürfel zerlegt, von denen erneut alle Würfel außer die Eckwürfel weggewischt werden. Dieser Algorithmus kann beliebig oft wiederholt werden, bis schließlich eine Punktmenge übrig bleibt, die im strengen Sinne selbstähnlich ist.[25]

Abbildung 11: Wischaktivitäten im Raum – Beispiel 1)

Betrachtet man den Würfel nach der ersten Wischaktivität, lassen sich acht kongruente Teilwürfel mit $N = 8$ und einen Vergrößerungsfaktor $p = 3$ erkennen (wie sich die Werte N und p zusammensetzen, kann in Kapitel 3.1.1 nachgelesen werden). Setzt man die Werte p und N in die Formel zur Berechnung der Dimension, so ergibt sich $d_S = 1,8927$ (Formel zur Berechnung von d_S siehe auch Kapitel 4). Wir erhalten auch hier eine Dimension, die größer als die einer Strecke, aber kleiner als die einer Fläche ist, also das Intervall $1 < d_S < 2$. Eine Zuordnung zu $d = 1$ bzw. $d = 2$ ist nicht möglich, da nach mehrfacher Iteration dieses Beispiel einer Explosion ähnelt. Somit bleibt mehr als eine Strecke, aber weniger als eine Fläche übrig.

6.2.2 Beispiel 2)

Im Folgenden wird wieder ein Würfel mit Seitenlänge a in 27 kongruente Teilwürfel zerlegt. Im Gegensatz zu Beispiel 1) werden nun nicht alle Elemente bis auf die Eckwürfel weggewischt, sondern alle Eck- und Kantenwürfel. Übrig bleiben sieben Würfel, im Gegensatz zu Beispiel 1) sind diese nun zusammenhängend (siehe Abbildung 12). Auch hier kann der oben beschriebene Algorithmus beliebig oft wiederholt werden, bis schließlich eine Punktmenge übrig bleibt, die im strengen Sinne selbstähnlich ist.[26]

---

[25] Vgl.: Zeitler, H., Pagon, D. (2000), S. 21
[26] Vgl.: Zeitler, H., Pagon, D. (2000), S. 20

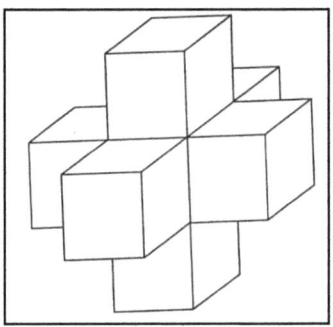

Abbildung 12: Wischaktivitäten im Raum– Beispiel 2)

Betrachtet man den Würfel nach der ersten Wischaktivität, so lassen sich sieben kongruente Teilwürfel mit $N = 7$ und einen Vergrößerungsfaktor $p = 3$ erkennen (die Zusammensetzung der Werte N und p wird in Kapitel 3.1.1 erläutert). Setzt man die Werte p und N in die Formel zur Berechnung der Dimension, so ergibt sich $d_S = 1{,}7712$ (Formel zur Berechnung von d_S siehe auch Kapitel 4). Es gilt das Intervall $1 < d_S < 2$, d.h. wir erhalten eine Dimension, die größer als die einer Strecke, aber kleiner als die einer Fläche ist. Jedoch ist hier die Dimension verglichen mit Beispiel 1) ($d_S = 1{,}8927$) näher an der Dimension einer Strecke. Dieses ist darauf zurückzuführen, dass wir nun einen Würfel betrachten, bei dem wir nach mehrfacher Iteration ein zusammenhängendes Konstrukt besitzen, das aus vielen Linien besteht, die man sich mit dem bloßen Auge kaum vorstellen kann. Eine Zuordnung zu $d = 1$ bzw. $d = 2$ kann aus den genannten Gründen auch hier nicht erfolgen.

6.2.3 Beispiel 3)

Ausgangslage ist wieder der Würfel mit Seitenlänge a, der in 27 kongruente Teilstücke zerlegt wird. Im Gegensatz zu Beispiel 1) und 2) werden im Folgenden ausschließlich die mittleren Würfel weggewischt, sodass jeweils 20 Würfel nach jeder Iteration übrig bleiben (siehe Abbildung 13). Auch dieser Algorithmus kann beliebig oft wiederholt werden, bis schließlich eine Punktmenge übrig bleibt, die im strengen Sinne selbstähnlich ist.[27]

---

[27] Vgl.: Zeitler, H., Pagon, D. (2000), S. 20

Abbildung 13: Wischaktivitäten im Raum – Beispiel 3)

Betrachtet man den Würfel nach der ersten Iteration, lassen sich 20 kongruente Teilwürfel mit N = 20 und einen Vergrößerungsfaktor p = 3 erkennen (die Zusammensetzung der Werte N und p wird in Kapitel 3.1.1 erläutert). Berechnet man die Selbstähnlichkeitsdimension, so ergibt sich d_S = 2,7268 (siehe auch Kapitel 4). Es gilt das Intervall $2 < d_S < 3$, d.h. wir erhalten eine Dimension, die größer als die einer Fläche, aber kleiner als die eines Körpers ist. Im Gegensatz zu Beispiel 1) (d_S = 1,8927) und 2) (d_S = 1,7712) haben wir hier die größte Dimension. Dieses ist darauf zurückzuführen, dass wir im Gegensatz zu den genannten Beispielen hier den geringsten Anteil weggewischt haben. Dieses ist daran zu erkennen, dass der Würfel auch nach mehrfacher Iteration immer noch als Würfel zu erkennen ist (siehe Abbildung 13). Im Vergleich zu den genannten Beispielen ist dieses besonders hervorzuheben. Dennoch kann eine Zuordnung zu $d = 2$ bzw. $d = 3$ nicht erfolgen, da nach mehrfacher Iteration mehr als eine Fläche, aber weniger als ein kompletter Körper übrig bleibt.

Durch „unendliches" Fortsetzen der Konstruktion ergibt sich der Menger-Schwamm (siehe Abbildung 14), der nach Karl Menger (1902-1985) benannt wurde.[28]

---

[28] Weitere Ausführungen zu diesem Themengebiet können nachgelesen werden in Zeitler, H., Pagon, D. (2000), S. 22ff.

Abbildung 14: 4. Iteration des Menger-Schwamms

7 Fazit

Die mathematische Fragestellung *Selbstähnlichkeit und fraktale Dimension, Teil 1* wurde konkret und anhand von Beispielen aus der Lebenswelt deutlich gemacht.

Zur Verdeutlichung wurden verschiedene Eigenschaften der Selbstähnlichkeit im strengen Sinn dargestellt und zusammenfassend erläutert. Weiterhin wurden unterschiedliche Dimensionen anhand der Cantor-Drittelmenge des Sierpinski-Dreiecks sowie an ebenen und räumlichen Wischaktivitäten aufgezeigt.

Die fraktale Geometrie findet Einzug in die gesamte Lebensumwelt der humanistischen Gesellschaft. Angesichts dessen stellt sich die Frage, warum dieses Themengebiet in der Schulmathematik nur ansatzweise behandelt wird. Wie bereits erwähnt, befinden sich überall Fraktale -ob die Küste eines Landes, der Farn im Garten, der Romanesco-Blumenkohl im Supermarkt oder das Schachbrett im Wohnzimmer. Dieses zeigt, wie elementar und bedeutsam dieser Themenbereich ist.

Nach der Bearbeitung diesen Themengebietes könnten wir uns gut vorstellen, dass die Fraktalgeometrie im Schulunterricht eingesetzt werden könnte. Dieses wäre mit einer gewissen Komplexität verbunden, jedoch könnten wir uns vorstellen, dass durch die Handlungsorientierung, die die Fraktalgeometrie mit sich bringt, positive Auswirkungen auf die PISA Studie haben könnte. Die PISA Studie ist dadurch gekennzeichnet, dass handlungs- und problemorientierte Aufgabenstellungen abgefragt werden. Aus unserer Sicht könnten die Schülerinnen und Schüler mit Hilfe der Fraktalgeometrie ein solches mathematisches Verständnis weiterentwickeln.

Literarturverzeichnis

Basso, G. Quatember, K (2008): Was sind Fraktale?, Bern-Kirchfeld (Österr.): Maturaarbeit

Scheid, H., Schwarz, W. (2009): Elemente der Geometrie, 4. Auflage. Heidelberg: Spektrum Akademischer Verlag.

Zeitler, H., Pagon, D. (2000): Fraktale Geometrie, Eine Einführung. Braunschweig: Fried. Vieweg & Sohn Verlagsgesellschaft mbH.

Internetquellenverzeichnis

http://www.eberl.net/chaos/Sem/Altin/D_index.html (Abruf am 03.11.10)

http://mathematica.ludibunda.ch/mathematicians-de12.html (Abruf am 10.11.2010)

http://de.wikipedia.org/wiki/Georg_Cantor (Abruf am 09.12.2010)